BEI GRIN MACHT SICH IHR WISSEN BEZAHLT

- Wir veröffentlichen Ihre Hausarbeit,
  Bachelor- und Masterarbeit

- Ihr eigenes eBook und Buch -
  weltweit in allen wichtigen Shops

- Verdienen Sie an jedem Verkauf

Jetzt bei www.GRIN.com hochladen und kostenlos publizieren

Marko Haselböck

Grundlagen empirischer Sozialforschung

Quick-Votes, Spannweite, Spannenmitte, arithmetischer Mittelwert, Standardabweichung, Variationskoeffizient

GRIN Verlag

Bibliografische Information der Deutschen Nationalbibliothek:

Die Deutsche Bibliothek verzeichnet diese Publikation in der Deutschen National-
bibliografie; detaillierte bibliografische Daten sind im Internet über http://dnb.d-
nb.de/ abrufbar.

Impressum:

Copyright © 2007 GRIN Verlag GmbH
Druck und Bindung: Books on Demand GmbH, Norderstedt Germany
ISBN: 978-3-640-12398-8

Dieses Buch bei GRIN:

http://www.grin.com/de/e-book/112782/grundlagen-empirischer-sozialforschung

GRIN - Your knowledge has value

Der GRIN Verlag publiziert seit 1998 wissenschaftliche Arbeiten von Studenten, Hochschullehrern und anderen Akademikern als eBook und gedrucktes Buch. Die Verlagswebsite www.grin.com ist die ideale Plattform zur Veröffentlichung von Hausarbeiten, Abschlussarbeiten, wissenschaftlichen Aufsätzen, Dissertationen und Fachbüchern.

Besuchen Sie uns im Internet:

http://www.grin.com/

http://www.facebook.com/grincom

http://www.twitter.com/grin_com

Master of Public Administration

Grundlagen empirischer Forschung
2. Semester (SS 2007, MPA 19)

Aufgabe 1:   Manchmal wird gefordert, die Auswertung der erhobenen Daten müsse von einem neutralen Dritten, nicht von dem Planer der Untersuchung, durchgeführt werden.
Wie beurteilen Sie den Vorschlag?

Aufgabe 2:   Im Internet wird häufig die Möglichkeit zum Abstimmen angeboten (sog. Quick-Vote). Wie sind derartige Abstimmungen aus der Sicht der empirischen Sozialforschung zu beurteilen?

Aufgabe 3:   Es werden folgende Preise für 1 Glas (380 g) maltesische Ribixos beobachtet (in EUR): 1,99; 3,99; 2,99; 2,49; 3,49

Wie groß sind Spannweite, Spannenmitte, arithmetischer Mittelwert, Standardabweichung und der Variationskoeffizient?

Marko Haselböck
Polizeioberkommissar
Diplom-Verwaltungswirt (FH)

Lohfelden, den 26. Mai 2007

INHALTSVERZEICHNIS

SEITE

Manchmal wird gefordert, die Auswertung der erhobenen Daten müsse von einem neutralen Dritten, nicht von dem Planer der Untersuchung, durchgeführt werden. Wie beurteilen Sie den Vorschlag?

Im Internet wird häufig die Möglichkeit zum Abstimmen angeboten (sog. Quick-Vote). Wie sind derartige Abstimmungen aus der Sicht der empirischen Sozialforschung zu beurteilen?

Es werden folgende Preise für 1 Glas (380 g) maltesische Ribixos beobachtet (in EUR): 1,99; 3,99; 2,99; 2,49; 3,49 Wie groß sind Spannweite, Spannenmitte, arithmetischer Mittelwert, Standardabweichung und der Variationskoeffizient?

1. Einführung

Der Verfasser beschäftigt sich im Rahmen des Studiums „Master of Public Administration" mit den an ihn gestellten Fragen im Wahlangebot „Grundlagen der empirischen Sozialforschung".

In der ersten Frage beurteilt der Verfasser die Forderung nach einem unabhängigen Dritten, der die Auswertung erhobener Daten vornehmen soll.

In der zweiten Aufgabe werden die Online-Abstimmungen (Quick-Votes) aus der Sicht der empirischen Sozialforschung beurteilt.

In Aufgabe 3 führt der Verfasser anhand einer gestellten Aufgabe mathematische Statistikberechnungen durch.

2. Aufgabe 1

Manchmal wird gefordert, die Auswertung der erhobenen Daten müsse von einem neutralen Dritten, nicht von dem Planer der Untersuchung, durchgeführt werden. Wie beurteilen Sie den Vorschlag?

„Nachdem die Daten einer Untersuchung erhoben und aufgearbeitet wurden, müssen sie ausgewertet werden. Erst durch die Auswertung der erhobenen Daten sind Aussagen über die Annahme oder Verwerfung von Hypothesen möglich."[1]

Die Auswertung ist der letzte Schritt des Ablaufs des Forschungsprozesses nach der Planung und der Durchführung. Die durch Befragung oder Beobachtung erhobenen Daten müssen nun ausgewertet werden. „Die Auswertung einer empirischen Untersuchung umfasst hauptsächlich drei Schritte: die (nachträgliche) Codierung der Ereignisse, die Datenverarbeitung, oft auch als „Datenaufbereitung" bezeichnet, und die Interpretation."[2]

Die Person oder Personen, die die Auswertung vornehmen, müssen zur Auswertung und Analyse der Daten nicht nur technisches Wissen vorweisen (Kenntnisse in mathematischen und statistischen Bereichen), sonder vor allem auch klare, inhaltliche und theoretische Vorstellungen haben. Bereits bei der Planung bestehen bestimmte, theoretische Vorstellungen. Es wird festgelegt, auf welche Art und Weise gemessen wird (Operationalisierung = Messbarmachung), welche Erhebungsmethode und welches Erhebungsinstrument angewendet wird.

Die Operationalisierung hat eine große Bedeutung. Sie ist die Grundlage dafür, dass Experimente wiederholt werden können und wieder zu dem gleichen Ergebnis kommen. Erst dadurch kann eine Hypothese zuverlässig überprüft werden. Die Operationalisierung muss hierbei jedoch die drei Qualitätskriterien Objektivität, Reliabilität und Validität erfüllen. Durch Standardisierung, Normung der Schritte des Forschungsprozesses und Verwendung der stets selben Kriterien erfolgt eine Auswertung objektiv.

Fazit:

Vor der Auswertung der erhobenen Daten sollten Operationalisierung, Standardisierung und Normung festgelegt werden. Dadurch kommt es bei der Auswertung der erhobenen Daten nicht auf die Persönlichkeit der auswertenden Person an. Das Verfahren ist klar und eindeutig. Die eventuell vorhandene Subjektivität der auswertenden Person kann nicht mit eingebracht werden. Die Forderung, die Auswertung der erhobenen Daten müsse von einem neutralen Dritten, nicht von dem Planer der Untersuchung, durchgeführt werden, ist nicht gültig.

---

[1] Dr. Schnell, Rainer: Methoden der empirischen Sozialforschung; 3. Aufl., München 1992, S. 445
[2] Friedrichs, Jürgen: Methoden empirischer Sozialforschung; 14. Aufl., Opladen 1980, S. 376

3. Aufgabe 2

Im Internet wird häufig die Möglichkeit zum Abstimmen angeboten (sog. Quick-Vote). Wie sind derartige Abstimmungen aus der Sicht der empirischen Sozialforschung zu beurteilen?

Im Internet sind häufig auf den verschiedensten Websites Online-Abstimmungen (Quick-Votes) zu finden. Mittlerweile existieren viele Unternehmen, die Websitebetreibern auf einfachste Art und Weise onlinebasierte Befragungen anbieten. Der Websitebetreiber hat dort die Möglichkeit, eigene Fragebögen zu erstellen und mittels HTML-, PHP-Code[3] oder anderer Programmiersprachen auf seiner Website einzubinden.[4]

„Mit dem Quick-Vote können Sie auf Ihrer Webseite die Meinung Ihrer Besucher einfangen. Hierbei handelt es sich um eine Umfrage mit genau einer Frage und mehreren Antwortmöglichkeiten."[5]

Es sind im Handel auch zahlreiche Softwares erhältlich über die eine Einbindung selbst erstellter Fragebögen im Internet möglich ist.[6]

Aus der Sicht der empirischen Sozialforschung handelt es sich bei den Abstimmungen im Internet um schriftliche Befragungen, die online ausgeführt werden. Diese werden unter anderem wie folgt definiert: „Sozialwissenschaftliche Befragungen sind eine auf einer systematisch gesteuerten Kommunikation zwischen Personen beruhende Erhebungsmethode."[7]

Wie schriftliche Befragungen sind die online durchgeführten Abstimmungen geplant und verfolgen meist ein wissenschaftliches Ziel. Sie sind einseitig, folgenlos für den Befragten und finden unter fremden Personen statt. Damit erfüllen die Online-Abstimmungen die Merkmale der schriftlichen Befragung.

---

[3] HTML und PHP sind Programmiersprachen zum Erstellen von Websites. Mittels PHP lassen sich auch dynamische Websites und Webanwendungen erstellen. Daneben gibt es noch zahlreiche andere Programmiersprachen wie XML, Java, Flash u. a.
[4] Als Beispiel sei hier das Unternehmen amundis communications GmbH genannt, das eine solche Möglichkeit unter der Domain http://www.2ask.de Websitebetreibern anbietet.
[5] URL: http://www.webmaid.de/index.php?site=quickvote; Download vom 25.05.2007
[6] Auch hier seien einige Softwares genannt: confrmit von Firm, umfragecenter von Globalpark GmbH, IRQuest von Interrogare oder Interviewer Web von VOXCO;
[7] Häder, Michael: Empirische Sozialforschung – Eine Einführung; 1. Aufl., Wiesbaden 2006, S. 185

Die Vorteile einer solchen Befragung liegen zum einen im geringen Kostenaufwand. Nach der Erstellung und der Einbindung auf der Website entstehen – vom Traffic[8] einmal abgesehen – keine weiteren Kosten. Ein Versand und eine Verteilung an die Zielgruppen entfallen. Der Fragebogen in Form einer programmierten Online-Abstimmung wird an eine Stelle auf die Website geladen und ist online sofort für jeden User verfügbar. Der weitere Vorteil liegt in der Entlastung der Befragten. Der Online-Fragebogen wird direkt im Internet von dem User beantwortet. Nach der Beantwortung der Fragen ist der Vorgang abgeschlossen. Der Fragebogen braucht nicht durch den Befragten wieder an den Herausgeber zurück geschickt werden. Die Rücklaufzeit der online durchgeführten Abstimmungen ist daher sehr kurz.

Aufgrund der Digitalisierung des Fragebogens und des online Ausfüllens wird eine Speicherung der Daten auf einem Server und später die Transfer auf eine Festplatte möglich. Die Daten liegen somit direkt in digitalisierter Form vor und können direkt in andere Programme (z.B. Erhebungsinstrumente) exportiert werden. Eine Auswertung der erhobenen Daten ist kostengünstig und schnell möglich.

Die Online-Abstimmung kann gezielt auf Websites bzw. an Stellen von Websites platziert werden, an denen sich die gewünschte Zielgruppe „aufhält". Die Beantwortung der Fragen verläuft für den Befragten anonym (abgesehen von der automatischen Speicherung der IP-Adresse beim Internetprovider), so dass die Hemmschwelle der Beantwortung der Frage gering ist. Um die Aufmerksamkeit der User zu erhöhen, bieten Online-Abstimmungen die Möglichkeit der Interaktivität. Es können verschiedene Bilder, Farbwechsel und Videos eingebunden werden.
Des Weiteren wird die Online-Abstimmung im World Wide Web veröffentlicht. Wie der Name World Wide Web (deutsch: Weltweites Netzwerk) schon sagt obliegt die Befragung somit keiner geografischen Beschränkung und Dank des Internetbooms gehen heutzutage mehr als die Hälfte aller Bundesbürger (53,5 % der Bevölkerung ab 14 Jahren) „online".[9]

Eine Online-Abstimmung weist aber auch Nachteile auf.
Zum einen müssen die Fragen und Antworten kurz und präzise gestellt werden. Im Internet finden sich aus diesem Grund häufig kurze Abstimmungen. Der User hat keine Möglichkeit, individuell zu antworten. Eine Erklärung der Fragen ist bei den Kurz-Befragungen ebenfalls nicht möglich.

Der weitere Nachteil liegt in der unbeeinflussbaren Benutzung der Online-Abstimmung. Die Erhebungssituation ist nicht kontrollierbar. Aufgrund der Anonymität und der für jeden User sichtbaren Abstimmung lässt sich nicht sicher sagen, wer den Online-Fragebogen ausfüllt und ob der User tatsächlich zu der gewünschten Zielgruppe gehört. Des Weiteren muss eine Mehrfachausfüllung durch eine entsprechende Programmierung verhindert werden. Obwohl die Online-Abstimmung gezielt auf Website platziert werden kann, kann die Zielgruppe nicht gewiss bestimmt werden.

---

[8] Als Traffic (engl. Verkehr) wird der Datenverkehr auf einer Website bezeichnet. Dieser entsteht, sobald sich ein User auf einer Website befindet und Bilder oder Texte geladen werden. Dieser Traffic muss beim zuständigen Provider bezahlt werden.
[9] Bundesministerium für Wirtschaft und Arbeit / Bundesministerium für Bildung und Forschung: Informationsgesellschaft Deutschland 2006; Berlin 2006, S. 13

Wie bei den üblichen schriftlichen Befragungen ist auch bei der Online-Befragung die Rücklaufquote sehr gering.

Fazit:

Die Online-Abstimmungen erfreuen sich bei Website-Betreibern großer Beliebtheit. Auch für die User ist es spannend, das Ergebnis einer Online-Umfrage auf „Ihrer" Website zu sehen. Solche Kurz-Abstimmungen sind jedoch aus der Sicht der empirischen Sozialforschung für keine repräsentativen Meinungen nicht geeignet, da die Erhebungssituation in keiner Weise kontrolliert werden kann. In geschlossenen Systemen – z.B. im Intranet der Polizei – können auch solche Kurz-Befragungen zur Erfassung eines schnellen Meinungsbildes geeignet sein. Hier steht die Zielgruppe jedoch von vornherein fest – Polizeibeamte.

4.   Aufgabe 3

Es werden folgende Preise für 1 Glas (380 g) maltesische Ribixos beobachtet (in EUR): 1,99; 3,99; 2,99; 2,49; 3,49 Wie groß sind Spannweite, Spannenmitte, arithmetischer Mittelwert, Standardabweichung und der Variationskoeffizient?

■   **Wie groß ist die Spannweite?**

Die Spannweite wird in der empirischen Sozialforschung auch Range genannt. Sie wird definiert als das einfachste Streuungsmaß. Er wird errechnet aus der „Differenz zwischen dem maximalen und minimalen Wert einer Verteilung. […] Besonders für größere Stichproben ist der Range aber ein wenig sinnvolles Streuungsmaß. Der Range berücksichtigt nur die Informationen von zwei Messwerten und reagiert damit äußerst sensibel auf Ausreißer."[10]
Die Formel zur Berechnung des Range lautet somit:

$$R = X_{max} - X_{min}$$

In dem o. g. Beispiel ist der Maximalwert (X_{max}) für ein Glas Ribixos 3,99 EUR. Der Minimalwert (X_{min}) beträgt 1,99 EUR.

Rechnung:

3,99 EUR – 1,99 EUR = 2,00 EUR

Der Range (die Spannweite) beträgt 2,00 EUR.

---

[10] Diekmann, Andreas: Empirische Sozialforschung – Grundlagen, Methoden, Anwendungen; 12. Aufl., Hamburg 2004, S. 563

- **Wie groß ist die Spannenmitte?**

Die Spannenmitte ist der „Arithmetischer Mittelwert aus kleinstem Einzelistwert und größtem Einzelistwert."[11]

Der kleinste Einzellistwert für ein Glas Ribixos ist 1,99 EUR. Der größte Einzellistwert beträgt 3,99 EUR.

Der arithmetische Mittelwert errechnet sich nun wie folgt:

(1,99 EUR + 3,99 EUR) / 2 = 2,99 EUR

Die Spannenmitte beträgt 2,99 EUR.

- **Wie groß ist der arithmetische Mittelwert?**

„Das arithmetische Mittel als gebräuchlichstes Maß der zentralen Tendenz gibt das an, was umgangssprachlich als „Durchschnitt" bezeichnet wird."[12]

Die Formel zur Berechnung des arithmetischen Mittels lautet:

$$\bar{x}_{\text{arithm}} = \frac{1}{n} \sum_{i=1}^{n} x_i = \frac{x_1 + x_2 + \cdots + x_n}{n}$$

Die Rechnung zur o. g. Aufgabe lautet nun:

(1,99 EUR + 3,99 EUR + 2,99 EUR + 2,49 EUR + 3,49 EUR) / 5 = 2,99 EUR

Das arithmetische Mittel beträgt 2,99 EUR.

---

[11] URL: http://www.total-quality.info/; Spannenmitte; download vom 25.05.2007
[12] Atteslander, Peter: Methoden der empirischen Sozialforschung; 10. Aufl., Berlin 2003, S. 293

- **Wie groß ist die Standardabweichung?**

„Das weitaus gebräuchlichste Streuungsmaß ist die Standardabweichung (s), definiert als die Quadratwurzel aus der Varianz (s²), die ihrerseits definiert ist als die durch N geteilte Summe der quadrierten Abweichungen der Messwerte vom arithmetischen Mittel [...]“[13]

Die Standardabweichung wird bei Vorliegen von metrischen Daten ermittelt. Sie gibt die Streuung um den arithmetischen Mittelwert an.[14]

Der Berechnung liegt die folgende Formel zu Grunde:

$$s_X := \sqrt{\frac{1}{N-1} \sum_{i=1}^{N} (x_i - \bar{x})^2}$$

Zur Berechnung der Standardabweichung werden im Tabellenkalkulationsprogramm Excel in den Zellen A1 bis A5 die o. g. Werte (A1=1,99; A2= 3,99 usw.) eingetragen.

Mit der Formel =stabw(A1:A5)[15] wird die Standardabweichung 0,79056942 EUR errechnet.

Die Standardabweichung ergibt somit den Wert 0,79 EUR.

Die Streuung von 0,79 EUR ist die durchschnittliche Abweichung des Mittelwerts der verschiedenen Preise.

- **Wie groß ist der Variationskoeffizient?**

Der Variationskoeffizient ist eine dimensionale Größe. „Gegenüber proportionalen Transformationen [...] ist der Variationskoeffizient unempfindlich.“[16]
„Der Vorteil des VK gegenüber der Standardabteilung besteht darin, dass man mit dem VK Streuungen vergleichen kann, die Werte in ganz unterschiedlichen Größenordnungen betreffen.“[17]

Der Variationskoeffizient errechnet sich aus der Standardabweichung und dem arithmetischen Mittel mit der Formel

---

[13] Prof. Dr. Benninghaus, Hans: Einführung in die sozialwissenschaftliche Datenanalyse; 7. Aufl., München 2005, S. 152
[14] Vgl. URL: http://standardabweichung.know-library.net/; Download vom 25.05.2007
[15] URL: http://www.supportnet.de/fresh/2005/1/id993015.asp; Download vom 25.05.2007
[16] Diekmann, Andreas: Empirische Sozialforschung – Grundlagen, Methoden, Anwendungen; 12. Aufl., Hamburg 2004, S. 565
[17] http://www.biorama.ch/biblio/b30tqm/q80stat/qs830.htm; Download vom 25.05.2007

$$V = \frac{s}{\overline{x}} \cdot 100$$

Die zuvor errechneten Werte (Standardabweichung= 0,79 EUR und der arithmetische Mittelwert 2,99 EUR) werden in die Formel eingesetzt:

V = 0,79 EUR / 2,99 EUR * 100 = 26,4214

Der Variationskoeffizient wird gerundet in Prozent angegeben.

Der Variationskoeffizient beträgt 26 %.

5. Quellenverzeichnis

Diekmann, Andreas
Empirische Sozialforschung – Grundlagen, Methoden, Anwendungen
12. Auflage, Hamburg 2004

Atteslander, Peter
Methoden der empirischen Sozialforschung
10. Auflage, Berlin 2003

Friedrichs, Jürgen
Methoden empirischer Sozialforschung
14. Auflage, Opladen 1990

Häder, Michael
Empirische Sozialforschung – Eine Einführung
1. Auflage, Wiesbaden 2006

Dr. Schnell, Rainer / Dr. Hill, Paul B. / Dr. Esser, Elke
Methoden der empirischen Sozialforschung
3. Auflage, München 1992

Prof. Dr. Benninghaus, Hans
Einführung in die sozialwissenschaftliche Datenanalyse
7. Auflage, München 2005

Total Quality
URL: http://www.total-quality.de;
Download vom 25.05.2007

Biorama
URL: http://www.biorama.ch/biblio/b30tqm/q80stat/qs830.htm;
Download vom 25.05.2007

Supportnet
URL: http://www.supportnet.de/fresh/2005/1/id993015.asp;
Download vom 25.05.2007

Know-Library
URL: http://standardabweichung.know-library.net/;
Download vom 25.05.2007

Webmaid
http://www.webmaid.de/index.php?site=quickvote

Bundesministerium für Wirtschaft und Arbeit und Bundesministerium für Bildung und Forschung
Informationsgesellschaft Deutschland 2006;
Berlin 2006